Patrick Kamalenga Ngoyi

Introdução ao estudo da dispersão da luz

AF301546

Patrick Kamalenga Ngoyi

Introdução ao estudo da dispersão da luz

Ótica geométrica

ScienciaScripts

Imprint

Any brand names and product names mentioned in this book are subject to trademark, brand or patent protection and are trademarks or registered trademarks of their respective holders. The use of brand names, product names, common names, trade names, product descriptions etc. even without a particular marking in this work is in no way to be construed to mean that such names may be regarded as unrestricted in respect of trademark and brand protection legislation and could thus be used by anyone.

Cover image: www.ingimage.com

This book is a translation from the original published under ISBN 978-620-6-71367-8.

Publisher:
Sciencia Scripts
is a trademark of
Dodo Books Indian Ocean Ltd. and OmniScriptum S.R.L publishing group

120 High Road, East Finchley, London, N2 9ED, United Kingdom
Str. Armeneasca 28/1, office 1, Chisinau MD-2012, Republic of Moldova, Europe
Printed at: see last page
ISBN: 978-620-7-98134-2

Copyright © Patrick Kamalenga Ngoyi
Copyright © 2024 Dodo Books Indian Ocean Ltd. and OmniScriptum S.R.L publishing group

Conteúdo

CAPÍTULO I 3
CAPÍTULO II 15
CAPÍTULO III 38
CONCLUSÃO..48
BIBLIOGRAFIA 49

CAPÍTULO I ....
CAPÍTULO II ....

O objetivo da física é compreender os mecanismos que regem o comportamento das coisas naturais e artificiais do nosso "ambiente".

O desenvolvimento da ótica envolve uma vasta gama de abordagens.

A matemática deu um contributo importante para o desenvolvimento da ótica, como é o caso da trigonometria rectilínea, muito utilizada neste ramo da física.

A ótica não é apenas uma questão para os físicos, mas para todos os cientistas e todos aqueles que sabem um pouco ou muito, mas que têm o dever de partilhar os seus conhecimentos com os outros.

Assim sendo, colocamo-nos as seguintes questões, que constituem também o nosso problema.

a) O que é a luz?

b) Como é que a luz se decompõe?

c) O que são dispositivos de dispersão da luz?

A luz é omnipresente nas nossas vidas, e é graças a ela que a vida é possível no nosso planeta. A vida não poderia ter-se desenvolvido sem a luz solar.

Assim, a luz branca ordinária, no seu estado decomposto pelo prisma, seria constituída por 3 cores fundamentais (cores primárias) vistas pelo olho.

Esta obra destina-se a estudantes de física, professores e investigadores científicos.

Para além da introdução geral e da conclusão, esta obra está dividida em três capítulos:

❖ O primeiro capítulo é uma introdução geral à ótica geométrica;

❖ O segundo capítulo trata da dispersão da luz.

      ❖ O terceiro capítulo trata das aplicações da dispersão da luz.

GENERALIDADES SOBRE ÓPTICA GEOMÉTRICA

1.1.OBJECTO DA ÓPTICA GEOMÉTRICA

A ótica geométrica estuda a formação de imagens por sistemas ópticos.

1.1.1. Sistemas ópticos

A. Definição

Um sistema ótico é qualquer elemento capaz de modificar a propagação de raios a partir de um ponto num objeto. Um sistema ótico é constituído por meios transparentes, homogéneos e isotrópicos.

B. Imagens

Uma imagem é definida em relação a um determinado sistema ótico. É o conjunto de pontos onde os raios de luz convergem.

C. Objectos e imagens virtuais

O ponto A de um objeto emite raios de luz na direção do sistema ótico. Há dois casos possíveis:

1) Os raios que saem do sistema ótico convergem para um ponto д: este ponto é um ponto de imagem real e pode ser recolhido num ecrã.

2) Os raios saem do sistema ótico divergindo, mas o seu prolongamento intersecta-se num ponto A': este ponto é um ponto imagem virtual, não pode ser visto 3) r no ecrã, mas não pode ser visto a olho nu através do sistema.

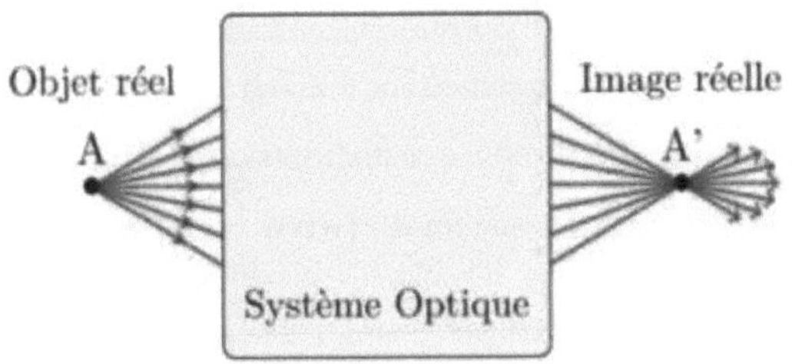

D. Casas

Os focos de um sistema ótico são pontos particulares definidos do seguinte modo

1) O foco principal de imagem F' é o ponto de imagem de um objeto situado no infinito cujos raios chegam paralelamente ao sistema ótico e paralelamente ao seu eixo ótico. O plano que passa por F' e é perpendicular ao eixo ótico do sistema é designado por plano focal da imagem.

2) O foco principal A é o ponto objeto de uma imagem situada no infinito, com os raios que saem do sistema ótico paralelos entre si e paralelos ao eixo ótico. O plano que passa por F é perpendicular ao eixo ótico do sistema e é designado por plano focal do objeto.

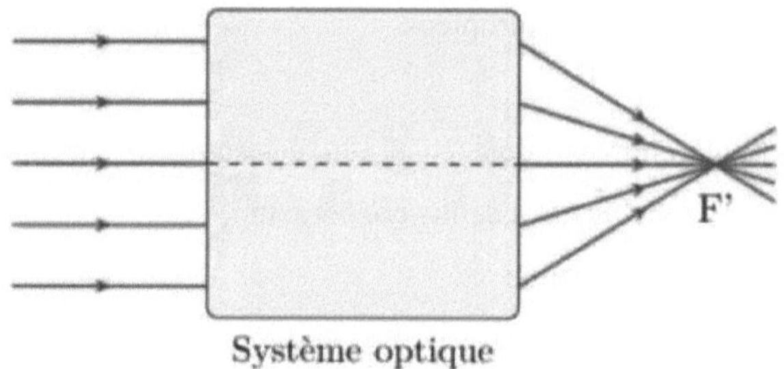

E. Objetivo

A ótica estuda os fenómenos luminosos, ou seja, principalmente os fenómenos perceptíveis pelo olho. A causa destes fenómenos é a luz, porque, para ser visível, um objeto deve transmitir luz ao olho.

A ótica geométrica é um ramo da ciência que se baseia na noção de feixe luminoso. Esta abordagem simples permite a construção geométrica de imagens, o que lhe dá o nome. A ótica geométrica é a ferramenta mais flexível e eficaz para tratar os sistemas dióptricos e catadióptricos. Explica a formação das imagens produzidas por estes sistemas. **(www.consultado a 6 de julho às 20h22min)**

1.2.A LUZ

1.2.1. Noções

A luz é omnipresente nas nossas vidas, e é graças a ela que a vida é possível no nosso planeta. A vida não poderia ter-se desenvolvido sem a luz solar. Ainda hoje, as plantas e os animais precisam de luz para sobreviver.

A luz é também o nosso principal meio de descobrir o mundo que nos rodeia.

Calcula-se que a grande maioria das informações recebidas pelo nosso cérebro sobre o nosso ambiente é fornecida pelos nossos olhos. O olho é, de facto, o instrumento ótico mais sofisticado que conhecemos.

Ao longo dos séculos, as pessoas descobriram as propriedades da luz e conceberam numerosos instrumentos que utilizam essas propriedades.

Alguns, como o telescópio ou o microscópio, permitiram-nos descobrir mundos anteriormente desconhecidos. Outros, como os óculos ou os lasers cirúrgicos, melhoraram a nossa qualidade de vida **(KAMALENGA NGOYI PATRICK,** *Estudos clássicos de instrumentos ópticos***, TFC, 2014-2015, ISP/MBM).**

1.2.2. O que é a luz?

A luz é uma forma de energia, tal como a eletricidade ou o calor. É constituída por partículas minúsculas chamadas fotões e viaja sob a forma de uma onda.

Na realidade, a luz é gerada pelas vibrações dos electrões nos átomos. É, portanto, uma mistura de ondas eléctricas e magnéticas: diz-se que a luz é uma onda electromagnética.

Existem várias formas de luz. A que conhecemos é a luz visível. No entanto, existem várias outras formas de ondas luminosas: infravermelhos, ultravioleta, raios X, etc.

A diferença entre estes tipos de luz é o seu comprimento de onda ou a quantidade de energia que transportam. Por exemplo, uma onda pode ser criada fixando uma corda comprida a uma parede. Ao agitar a outra extremidade para cima e para baixo, criamos ondulações que se propagam através da corda.

A distância entre duas ondas vizinhas é o comprimento de onda (Á). Quanto maior for o comprimento de onda da luz, menor é a energia do fotão.

A luz visível tem o maior comprimento de onda, mas a menor energia. Em contrapartida, a luz azul tem o comprimento de onda mais curto e a maior energia.

As diferentes formas de luz estão classificadas no chamado espetro eletromagnético. A luz visível ocupa apenas uma parte muito pequena deste espetro. Em comprimentos de onda ligeiramente maiores, encontramos a luz infravermelha, que nos dá a sensação de calor... Depois, temos as micro-ondas utilizadas nos fornos e nos radares.

Por último, as ondas de rádio, que transportam os sinais de rádio e de televisão, têm os comprimentos de onda mais longos: até alguns metros.

Para além da luz visível, nas regiões de menor comprimento de onda, encontramos a luz ultravioleta, que nos deixa bronzeados, e os raios X. Este tipo de luz tem a propriedade de atravessar os tecidos moles do corpo humano e de ser absorvida pelos ossos e dentes. Os raios X são utilizados, entre outras coisas, para produzir raios X. Os raios gama são os fotões com os comprimentos de onda mais curtos e a energia mais elevada.

No vácuo, a luz viaja em linha reta a uma velocidade de cerca de 300 000 km/s. A esta velocidade, poderíamos dar sete voltas e meia à Terra num segundo. Este é o limite de velocidade universal. Nada no Universo pode ir mais depressa do que a luz.

1.2.3. Natureza das ondas

(De acordo com o Prof. GEORGES MWENDA KAZADI, *nota de aula sobre questões especiais na* **licenciatura em** *Física*)**, a luz é a energia de natureza eléctrica e magnética em movimento.

Esta energia é transportada de um elo para outro sob a forma de ondas.

[815]A luz pode propagar-se no vácuo (podemos ver as estrelas) e no ar, bem como na matéria, sob a forma de raios de luz rectilíneos, onde a sua velocidade é máxima, igual a C=3,10 m/s. É uma vibração transversal, perpendicular à direção de propagação, com uma frequência da ordem dos 10 Hz.

A onda luminosa pode corresponder a uma vibração sinusoidal de uma dada frequência no campo eletromagnético. Chama-se então uma onda monocromática porque a sensação de cor depende da frequência. A radiação monocromática caracteriza-se pela sua frequência (f, N) e pelo seu comprimento de onda.

$$\lambda = \frac{c}{f}$$

$(1,1)$

Em que λ é o comprimento de onda em metros

C é a velocidade da luz no vácuo, em metros por segundo.

F é a frequência em Hertz.

A luz pode também corresponder a uma vibração não sinusoidal, periódica ou não, para a qual se pode definir um espetro de frequências, em forma de roda ou contínuo.

Assim, podemos considerar a luz como uma onda caracterizada por: o seu comprimento de onda X, a sua frequência (f, N), a sua velocidade (c) e a sua amplitude.

Não há troca de energia (o meio não é dissipativo), apenas preparação, interferência e difração. O seu comprimento de onda é infinitesimalmente pequeno.

Para além do aspeto ondulatório **(prof. Georges KABAMBA MWENDA KAZADI, questions spéciales de physique L1 math-physique, ISP/MJM),** as ondas electromagnéticas podem ser representadas sob um aspeto corpuscular, como formadas por fotões ou radiação electromagnética quântica, unidades elementares de massa de repouso nula, cuja energia (E, N), representando um quantum elementar, é proporcional à frequência (f, N) e dada pela lei de Planck.

$$E = H.f$$

$(1,2)$

Onde

E é a energia em joules,

$^{-34}$H é a constante universal de Planck em joules por segundo (h=6,624.10 J.s)

f é a frequência em hertz

A energia é trocada, emitida, absorvida, choca-se...

A gama de comprimentos de onda electromagnéticos perceptíveis ao olho humano situa-se entre 400 e 700 nm. Os comprimentos de onda inferiores a

350nm (UV) ou superiores a 1400nm (IV) são absorvidos nos meios "transparentes" do olho, pelo que apenas a luz visível merece este rótulo, uma vez que o ultravioleta próximo faz parte do infravermelho.

Em determinadas circunstâncias, a luz actua como se fosse constituída por corpúsculos. É assim que surge o efeito fotoelétrico, cuja aplicação é o olho mágico (célula fotoeléctrica) que lhe abre portas em certas lojas.

1.2.4. Propagação da luz

A luz viaja em linha reta.

A sua trajetória é representada por linhas rectas com uma seta que indica a direção da viagem (a partir da fonte). A trajetória da luz não é visível no vácuo ou no ar.

A. Fonte de luz primária

É um objeto que cria a sua própria luz.

Exemplos: o sol, as estrelas, uma lâmpada acesa, etc.

B. Fonte de luz secundária ou objeto de dispersão

É um objeto que reflecte a luz que recebe em todas as direcções.

Exemplos: a lua, os planetas, etc.

Em geral, todos os corpos que emitem luz são fontes de luz. Estas fontes podem ser :

1) Transparente

Isso deixa passar a luz.

2) Opaco

Que não deixa passar a luz

3) Translúcido

Permite a passagem da luz, mas não permite a perceção exacta dos objectos (visão turva). **A. de Laruelle, A. I. Claes, cours de physique, chaleur, énergie, optique géométrique. Wesmaiel Charlier (S.A) Namir 1971.**

C. Feixe de luz

Um raio de luz é a linha reta ao longo da qual a luz se propaga num meio homogéneo.

D. Feixes de luz

Os feixes de luz são um grupo infinito de raios de luz.

E. Tipos de feixes de luz

1) Viga paralela ou cilíndrica

Diz-se que um feixe luminoso é paralelo ou cilíndrico quando todas as suas componentes são paralelas.

Exemplo

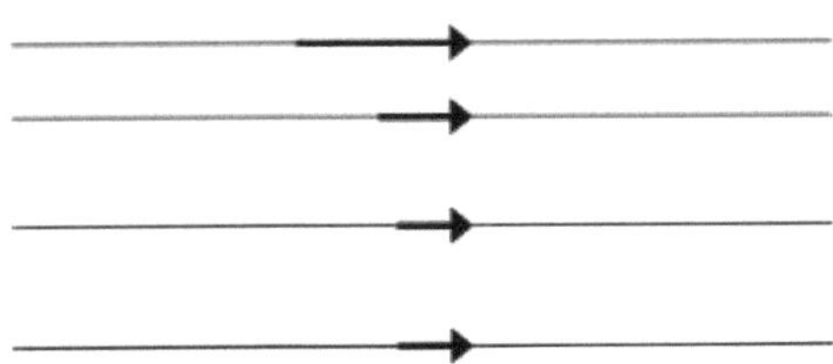

2) O feixe divergente

Diz-se que um feixe de luz é divergente quando todos os raios que o compõem partem do mesmo ponto.

3) O feixe convergente

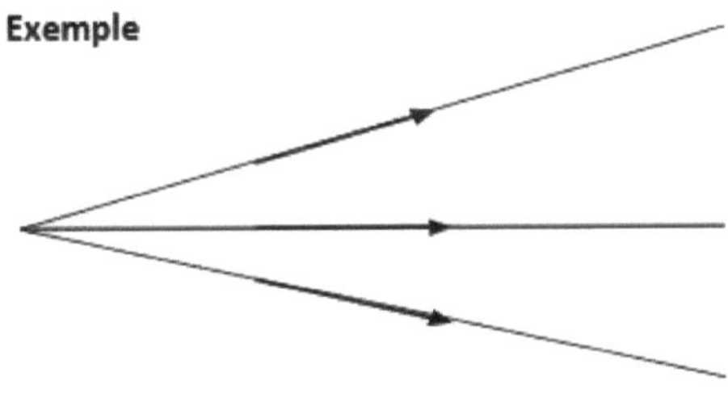

Diz-se que um feixe de luz converge quando todos os raios que o compõem se dirigem para o mesmo ponto.

Exemplo

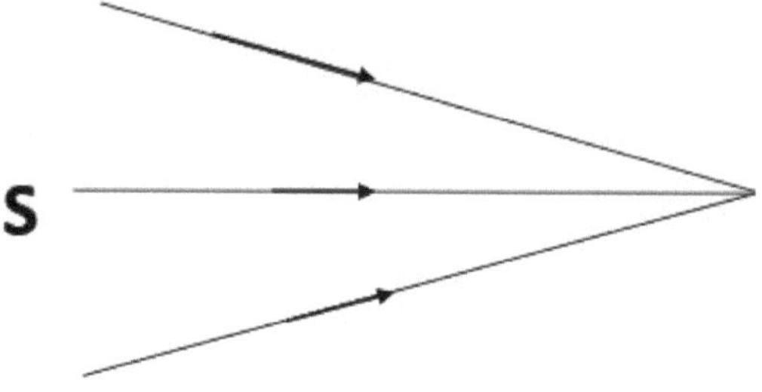

Nota

Um feixe muito estreito é designado por "pincel de luz". É o caso, por exemplo, do feixe que vai de um ponto de luz até ao olho.

1.3.REFLEXÃO DA LUZ

1.3.1. Definição

A reflexão da luz é uma mudança brusca de direção que os raios luminosos sofrem quando atingem uma superfície reflectora (espelho, camada fina de água, etc.).

1.3.2. Tipos de reflexão

Existem dois tipos de reflexão da luz:

✓ Reflexão regular

✓ Reflexão difusa.

A. Reflexão regular

1) Definição: Diz-se que a reflexão da luz é regular quando um feixe de raios paralelos que incide sobre uma superfície reflectora muda de direção de modo a que os raios reflectidos sejam paralelos.

2) Exemplo

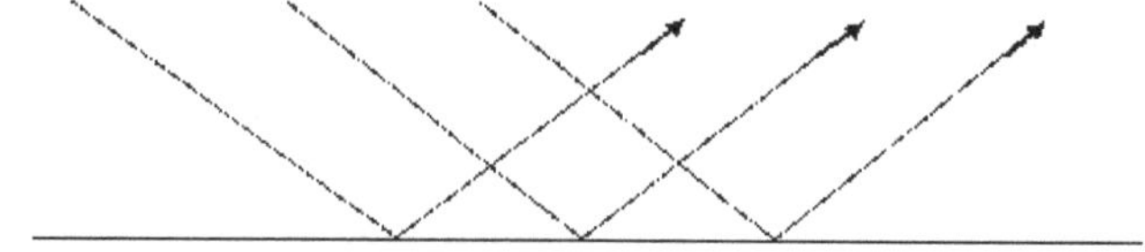

B. Reflexão difusa

1) Definição

Diz-se que a luz é reflectida de forma difusa quando é reflectida em todas as direcções, ou seja, os raios reflectidos estão dispersos e não seguem nenhuma direção específica.

Esta reflexão ocorre em superfícies irregulares (ou não polidas). A luz é reflectida em várias direcções.

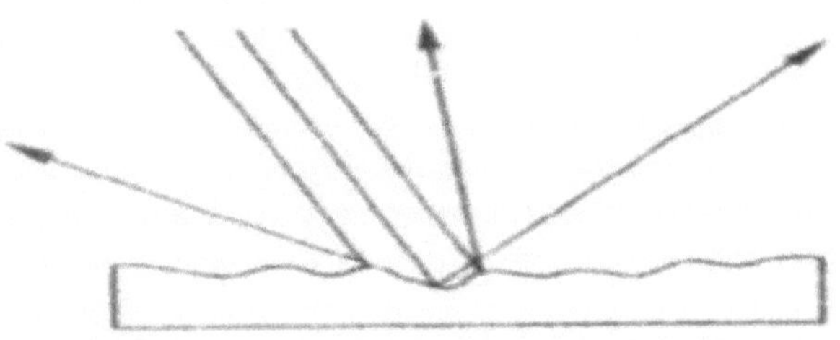

1.3.3. Leis da reflexão

A reflexão ocorre quando um feixe de luz muda subitamente de direção, mantendo-se no mesmo meio de propagação.

A experiência mostra as seguintes leis da reflexão:

a)   O raio incidente, o raio refletido e a normal à superfície estão no mesmo plano, chamado plano de incidência.

b)   Os ângulos de incidência e de reflexão são iguais.

N.B.: a direção dos ângulos é arbitrária, pelo que escolhemos uma direção positiva e mantemos essa direção. No entanto, os ângulos são sempre orientados a partir da normal.

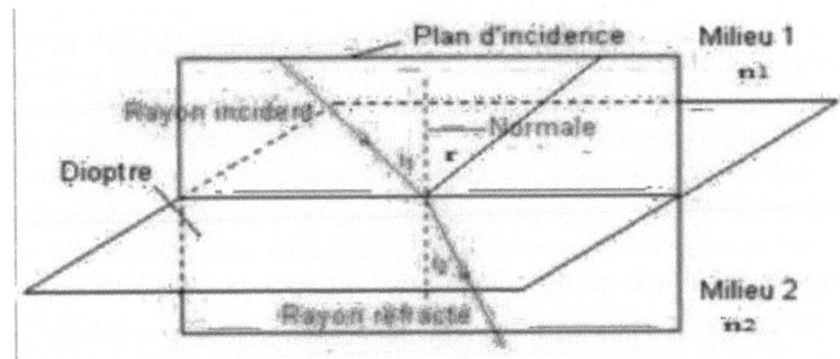

1.4. REFRACÇÃO DA LUZ

1.4.1. Definição

A refração da luz é uma mudança brusca de direção que um raio de luz sofre ao atravessar a superfície de separação de dois meios transparentes.

A superfície que separa dois meios transparentes é designada por "dioptria".

O raio que se propaga no primeiro meio é designado por "raio incidente" e o raio que se propaga no segundo meio é designado por "raio refractado".

A experiência mostra que a refração obedece às seguintes leis:

a) ^{ère}1 lei: o raio incidente, o raio refractado e a normal à superfície estão no mesmo plano de incidência.

b) 2ª lei: os ângulos de incidência Γ e de refração f estão ligados pela lei de **SNELL DESCARTES:**

$$n = \frac{\sin \hat{\imath}}{\sin \hat{r}} \qquad\qquad (1,3)$$

Onde = índice de refração do primeiro meio em relação ao segundo.

1.4.2. Observações

> Se n for maior do que 1 (n>1), o segundo meio é mais refrativo do que o primeiro. É o que acontece quando a luz passa do ar para o vidro, para a água, etc.

> Se n 1, o segundo meio é menos refrativo que o primeiro, o raio desvia-se da normal ao dioptro. $_f$Assim, o ângulo , < ·

1.4.3. Índice de refração e velocidade da luz

O fenómeno da refração deve-se ao facto de a luz se propagar a velocidades diferentes em meios diferentes. As velocidades de propagação Vi e t $V2$ respetivamente nos meios; os í n 2 estão ligados pela seguinte relação:

$$\frac{v_1}{v_2} = \frac{\sin \hat{\imath}}{\sin \hat{r}} = n \qquad\qquad (1,4)$$

[888]A velocidade a que a luz se propaga através de um meio chama-se "celeridade". É de 3,10 m/s no ar e em qualquer meio refrativo; é menor: 2,25,10 m/s e 2,10 m/s no vidro.

1.4.4. Ângulo limite de refração

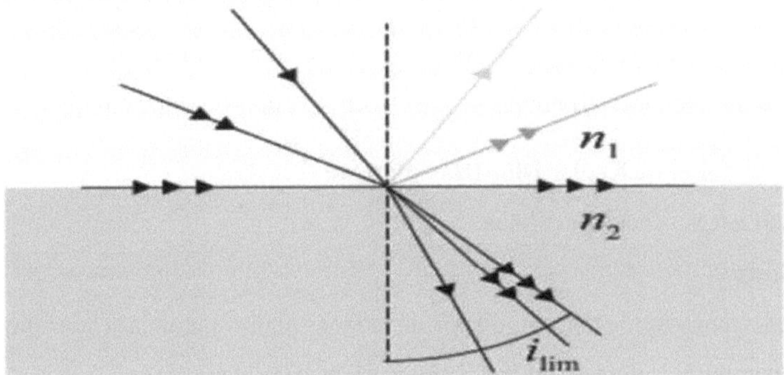

Considere a passagem do ar através da água. O desvio aumenta à medida que o índice se torna maior obliquamente a uma incidência de 90° quando o raio incidente roça.

O ângulo de refração atinge o seu valor máximo, o ângulo limite de refração.

$$n \sin \hat{r} = \sin 90°$$

$$\sin \hat{r} = \frac{\sin 90°}{n}$$

$$\sin \hat{r} = \frac{1}{n} \qquad (1,5)$$

1.4.5. Discussão das leis de snell-descartes

> O ângulo de incidência ¿pode assumir qualquer valor entre 0° e 90°;

> A primeira lei permite-nos tirar a mesma conclusão para o ângulo de refração **r** ;

^ 11-

> Os valores do ângulo refractado estão relacionados com os valores de

$$\hat{i} \; et \; \frac{n_2}{n_i}$$

> Propagação em direção a um meio mais refrativo limite de refração. ᵢᵢO raio

refractado ·< existe e atinge um valor limite dado por $\hat{i} = 90° \; ; \sin\hat{r} = \frac{n_1}{n_2}$

Neste caso, falamos de limitação da refração.

> Propagação para um meio menos refrativo: reflexão total.

$\hat{r} > \hat{i}$ $\quad \sin \hat{i} = \dfrac{n_2}{n_1}.$ O raio refractado deixa de existir para uma incidência superior a um valor limite fixado por . Neste caso, fala-se de reflexão total.

> Se os ângulos forem pequenos, *sin r,* a lei de Snell-descartes assume a forma

$n_1 \hat{i} = n_2 \hat{r}$ Lei de Kepler **Dioptrias planas**

A Lâminas com faces paralelas

1) Definição

Um meio transparente delimitado por duas faces planas paralelas (duas dioptrias planas paralelas) é designado por lente de faces paralelas.

B. A trajetória de um feixe de luz que atravessa uma placa de faces paralelas

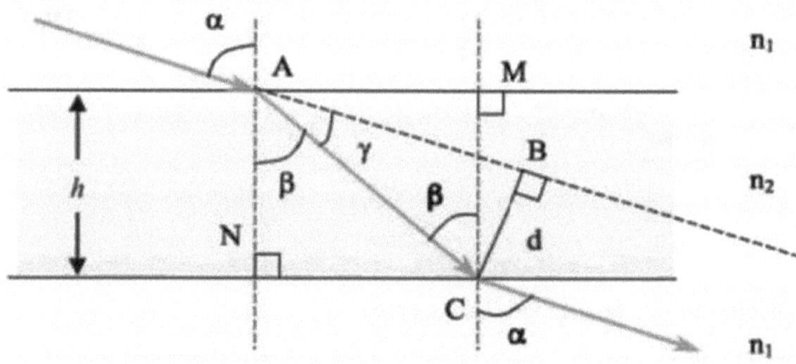

D = deslocação paralela = deslocação lateral

Lei da refração em A :

$$n_1.\, \sin\alpha = n_2.\, \sin\beta \qquad\qquad (1,6)$$

Devido à simetria do problema, temos os mesmos ângulos em C e em A, pelo que aqui também obtemos a lei da refração:

$$n_2.\, \sin\beta = n_1.\, \sin\alpha \qquad\qquad (1,7)$$

O feixe de luz que sai da placa é paralelo ao feixe de luz incidente (**CT Médard NSUNGULA,** *Física II - Física Matemática***, ISP/MJM).**

CONCLUSÃO

✓ A deslocação lateral aumenta com a incidência.

✓ Para o mesmo ângulo de incidência, o deslocamento lateral aumenta com a espessura. A luz é, portanto, um agente físico capaz de causar uma impressão na retina do olho.

CAPÍTULO II

DISPERSÃO DA LUZ

2.1.DEFINIÇÃO

A dispersão da luz é um fenómeno em que a luz se decompõe num espetro de luz colorida que vai do violeta ao vermelho.

2.2.DISPOSITIVOS DE DISPERSÃO DA LUZ

Trata-se de sistemas ópticos que provocam a decomposição da luz.

2.2.1. Prismas

A. Definição

Um prisma é um meio transparente separado por duas faces não paralelas. Um raio de luz que o atravessa sofre dupla refração

B. Descrição do prisma

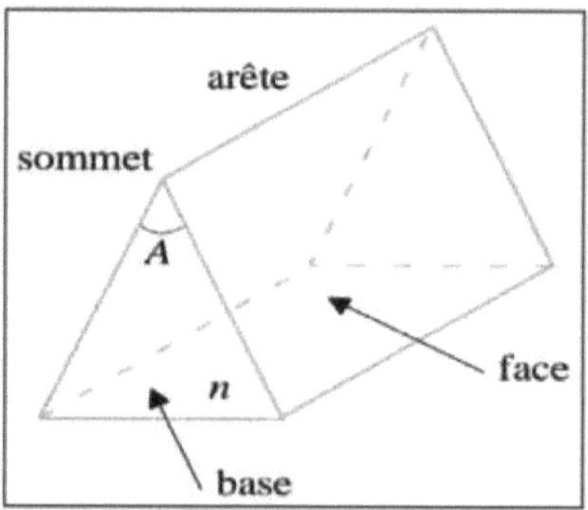

Um prisma é constituído por um meio transparente delimitado por duas faces planas. Caracteriza-se pelo seu ângulo de vértice A e pelo seu índice de refração n.

C. Ação de um prisma sobre um raio de luz

Um raio de luz que incida numa das faces do prisma é refractado, atravessa o meio de índice n e volta a ser refractado (ver figura 2.2).

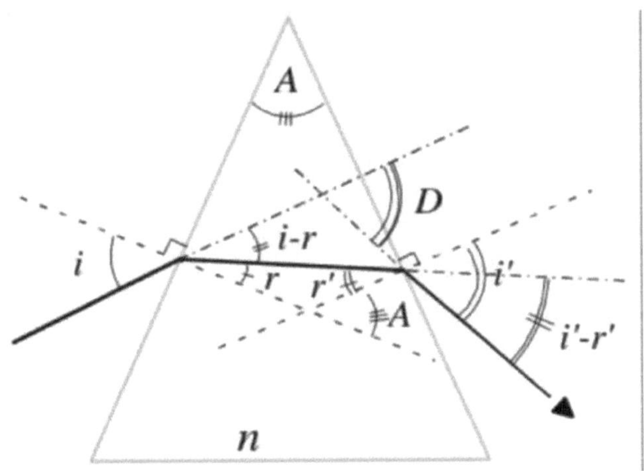

Para a primeira refração, o ângulo de incidência é denotado por *i* e o ângulo de refração é denotado por *r*. Para a segunda refração, o ângulo de incidência é denotado por ?\ e o ângulo de refração *é* denotado *por ^ı-.*

D. Como funciona um prisma

O princípio de funcionamento de um prisma ótico baseia-se no princípio da refração da luz. Quando a luz passa do ar para o vidro de um prisma ótico, o feixe de luz é refractado, o que também acontece quando emerge do outro lado. Este raio emergente é paralelo ao raio incidente.

Como o sistema contém um reflexo, a imagem de saída é invertida. A parte superior torna-se inferior ou a direita torna-se esquerda.

Para utilizar corretamente o prisma, o raio incidente deve estar num plano perpendicular à aresta do prisma (caso contrário, tudo se passa como se o ângulo no topo do prisma fosse variável).

Nas condições corretas, os planos de incidência e de refração coincidem todos com a secção transversal do prisma.

E. Efeito do prémio

O efeito do prisma é, portanto, **deflectir o feixe de luz.** A deflexão, que é o ângulo entre o raio incidente (inicial) e o raio emergente (refractado final), é denotada por D. (**www.google.com consultado em 25/5/2023 às 19h51min**)

F. Propriedades de um prisma

Um prisma é uma lente "especial" de forma triangular (formada por duas faces não paralelas que formam um ângulo entre si) que tem a propriedade de **desviar** ou **redirecionar** a imagem do objeto para o seu vértice, fazendo-a "cair" corretamente na retina de cada olho.

G. Caraterísticas do prisma

O prisma tem quatro caraterísticas:

a. Primeiro, as leis da refração:

$$sin\hat{\imath} = nsin\hat{r} \qquad\qquad\qquad (2,1)$$

$$nsin\hat{r} = nsin\hat{\imath} \qquad\qquad\qquad (2,2)$$

As leis que regem os planos já foram utilizadas para desenhar o diagrama.

b. $_i^v$A seguir, uma restrição geométrica que liga A, ^ e r . O ângulo entre as normais das faces do prisma é igual a A (ver figura 2.2) e a soma dos ângulos de um triângulo é igual a 180° :

$$\hat{r} + \hat{r}' + (180°\text{-}A) = 180° \qquad\qquad\qquad (2,3)$$

$$\hat{r} + \hat{r}' = A$$

Finalmente, a expressão do desvio :

$$D = \hat{\imath} - \hat{r} + \hat{\imath}^* - \hat{r}' = \hat{\imath} + \hat{\imath}^* - (\hat{r}^* + \hat{r}') = \hat{\imath} + \hat{\imath}^* - A$$

$$D = \hat{\imath} + \hat{\imath}^* - A \qquad\qquad\qquad (2,4)$$

H. Influência do índice de refração na deflexão

O desvio é dado por $D = t \mid r, \uparrow$ e estamos a tentar descobrir como se desvia D quando o índice n varia. (Como o vidro é dispersivo, o seu índice varia com o comprimento de onda).

Para um dado raio incidente, o ângulo de incidência Γ é fixo e A é um parâmetro constante para um dado prisma, pelo que D depende de Γ. Precisamos, portanto, de descobrir como Γ'varia em função de n. Vamos proceder por etapas:

$sin\hat{r} = \dfrac{sin\,\hat{\imath}}{n}\,;$ Durante a primeira refração, r é dado por . , pelo que f aumenta à medida que n aumenta. $^{v}_{;\,=\,t}$Depois, r é dado por , ; assim, f aumenta à medida que r diminui.

Finalmente, a segunda refração é dada por sin $\ddot{\imath}\,'$= nsinf , pelo que f aumenta quando e e n aumentam, pelo que r aumenta quando n aumenta.

I. Influência do comprimento de onda na deflexão

Numa primeira aproximação, a lei de Cauchy dá variações no índice de refração de um vidro em função do comprimento de onda:

$$b = T\,(a\text{-}n)$$

Em que a e b são constantes que caracterizam o meio transparente.

Esta lei mostra que o índice aumenta à medida que o comprimento de onda diminui, ou seja, à medida que passamos do vermelho para o violeta.

Consequentemente, a luz vermelha será menos desviada do que a luz violeta. Este facto está de acordo com os resultados experimentais. **(A. DELARUELLE e AI. CLAES, éléments de physique, chaleur-acoustique-optique, NAMUR, páginas 1966).**

J. Condição de emergência

Existem duas condições de emergência, uma relacionada com o ângulo de incidência e a outra com o ângulo do prisma. 1)

1) Condição do ângulo de incidência

Para que o raio emergente exista, é necessário que $f \leq fUm,$ o ângulo limite de incidência, pois quando / rUm há reflexão total na segunda face do prisma. Quando f $\leq \Gamma iim$ o ângulo i' é de 90°, logo o ângulo f é dado por :

$$nsin\hat{r}'lim = sin\,90° = 1$$

$$sin\hat{r}'lim = \frac{1}{n} \qquad\qquad (2,6)$$

$_{infm7s}$A condição $>$ _ $\prod\iota$ impõe - $\geq$ л fu porque $^\wedge$ = л - f da relação (2.5) e esta impõe . $\dashv$m $>$ H.WI$(/1 \wedge$ Iim) da relação (2.1), logo: i $\geq$ ⅛

Com :

$$sin\hat{\imath}_0 = nsin(A - \hat{r}'\lim) \qquad\qquad (2,7)$$

2) Condição do ângulo do prisma

Além disso, o ângulo de refração f é sempre inferior ao ângulo limite de refração f *11 m, que é* igual ao ângulo limite de incidência *f '1 ï*. Consequentemente, as duas desigualdades: f $\leq$ *f'ıim* e $f \leq$ r/rm verificam-se simultaneamente, ou seja, f + f' - л , pelo que :

$$A \leq 2\hat{r}\lim avec\ sin\hat{r}lim = \frac{1}{n} \qquad\qquad (2,8)$$

Quando A$\leq$ *2flım,* a reflexão é sempre total.

K. Prisma de reflexão total

Trata-se de um prisma cuja secção transversal é um triângulo retângulo isósceles.

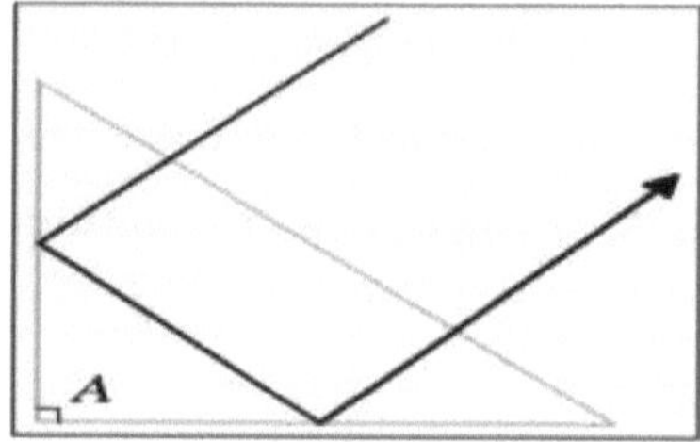

O feixe de luz é dirigido para a base do prisma com incidência normal. O raio penetra no prisma sem desvio e atinge a primeira face com um ângulo de incidência 45° superior ao ângulo limite de incidência; há, portanto, reflexão total. A segunda face actua da mesma forma porque o ângulo de incidência é novamente de 45°.

Este tipo de prisma é utilizado em binóculos e telescópios terrestres para reduzir a desordem e endireitar a imagem (caso contrário, o céu ficaria em baixo e o chão em cima). Para tal, são necessários dois prismas de reflexão total com bordos ortogonais

(**KAMALENGA NGOYI**, *Estudos clássicos de instrumentos ópticos*. Cas de l'appareil photographique, lanterne de projection et lunette, edição TFC

20142015, ISP/MBM).

L. Deflexão mínima do prisma

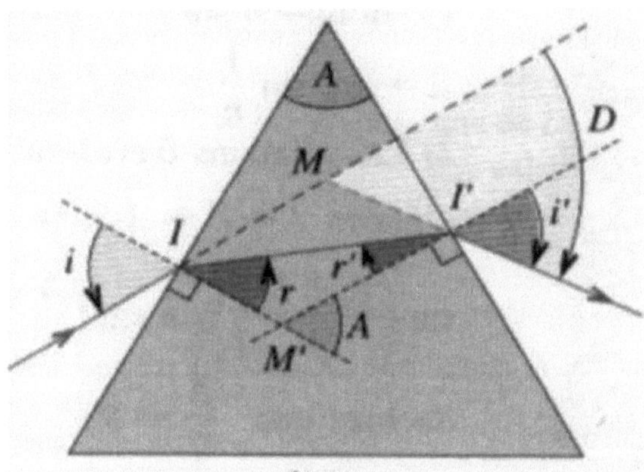

O ângulo de deflexão D é D= i - f + r - f ou $\wedge = f + f'$ em que A é o ângulo no vértice do prisma.

Assim, D = i + i -.4

D é mínimo quando $\dfrac{dD}{Di} = 0$ soit $r + \dfrac{di\prime}{di} = 0$ et donc $di' = -di$

As leis da refração na entrada e na saída dão

$$\sin(\hat{i}) = n\,s\hat{i}(\hat{r}) \qquad\qquad (2,9)$$

$$\sin(\hat{i}\,') = n\,s\hat{i}(\hat{r}\,') \qquad\qquad (2,10)$$

Por diferenciação de (2.9) e (2.10), obtemos $\cos(i)\, di = n\cos(f)\, df$ e $\cos(\surd)\, di' = n\cos(f\,')\, df$:

$$\frac{\cos(i)\, di}{\cos(i')\, di'} = \frac{n\cos(r)\, dr}{n\cos(r')\, dr'} \qquad\qquad (2,11)$$

Mostrámos que $di = -di'$ e, diferenciando $\acute{A} = f' + f\,'$, obtemos também que

$d\,E$-d,■. Substituindo em (2,9), temos então : $\dfrac{\cos(i)}{\cos(i')} = \dfrac{\cos(r)}{\cos(r')}$

Podemos então obter facilmente $\sin(\hat{i})^2$

Ou

$$\frac{1 - \sin(i)^2}{n^2 \sin(i)^2} = \frac{1 - \sin(i')^2}{n^2 - \sin(i)^2} \qquad (2,12)$$

Para resolver esta equação, precisamos de estudar a função

$$f(x) = \frac{1-x}{n^2-x} \text{ pour } x > 0$$

Vamos lá

$$f(x) = \frac{-1}{n^2-x} + \frac{1-x}{(n^2-x)^2} = \frac{1-n^2}{(n^2-x)^2} < 0 \ car \ n > 1$$

A função f é monótona decrescente e, portanto, injetiva. A equação (2.12) tem, portanto, a solução única $\hat{\imath} = \square$, o que implica imediatamente que $\hat{r} = \hat{r}'$.

Assim
$$Dm = 2i - A = 2\arcsin\left(n\sin\left(\frac{A}{2}\right)\right) - A$$

Ou
$$\frac{A+D}{2} = \arcsin\left(n\sin\left(\frac{A}{2}\right)\right)$$

Daqui podemos deduzir a fórmula clássica que dá o índice do vidro do prisma em função de

de Dm :

$$n = \frac{\sin(\frac{A + Dm}{2})}{A} \ Sin(2) \qquad (2,13)$$

M. Representação gráfica

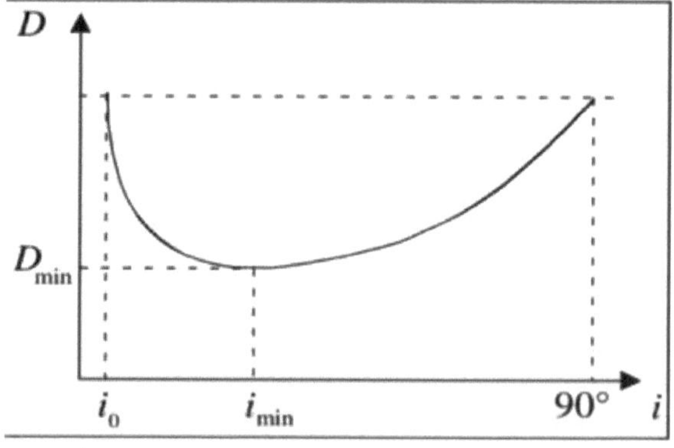

2.2.2. Rede

A. Definição

A grelha é uma superfície ótica muito fina constituída por um grande número de fendas finas idênticas e equidistantes.

B. Descrição de uma rede

Uma grelha é constituída por um suporte transparente no qual foi gravado um grande número de linhas finas, paralelas e equidistantes. Cada linha representa uma fenda que difracta a luz.

C. Caraterísticas da rede

A rede caracteriza-se pelo seu "passo a", que corresponde à distância entre duas linhas consecutivas, e também pelo número "n" de linhas por unidade de comprimento (cerca de 500 linhas por milímetro).

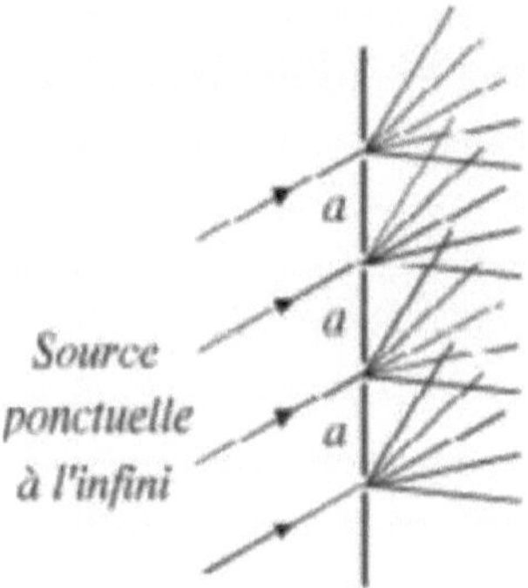

D. Relação entre a e n na rede

Existe uma relação entre o passo a da rede e o número n de linhas por unidade de comprimento.

$$a = \frac{1}{n} \qquad\qquad (2,14)$$

E. Difração por uma grelha

Uma grelha difracta luz de comprimento de onda de várias ordens p. Assim, na transmissão, um feixe paralelo sob incidência Γ é deflectido para a ordem p na direção* tal que :

$$sin\hat{i'} = pn\lambda + sin\hat{i} \qquad (2,15)$$

(2,(15) (J. DESSART, J. C. JODOGNE e JODOGNE, optique géométrique, édition A. DE BOECK-BRUSSELS).

F. Densidades de caraterísticas

$_\eta$A densidade de   linhas é definida como ! (número de linhas por metro). A tabela

O quadro seguinte apresenta ordens de grandeza para diferentes tipos de rede:

Qualidade	$(m\ 1)$	n(linhas por incl.)	A(um) largura	N	
Média		103	30	2 cm	2000
Clássico	$4._{105}$	10^4	3	3 cm	10000
Excelente	4.10	105	0,3	4 cm	40000

2.3. DISPERSÃO DA LUZ PELO PRISMA

2.3.1. Dispersão da luz branca

A. Luz branca

A luz branca é composta por um conjunto de cores diferentes que constituem o espetro luminoso.

Este espetro é policromático e contínuo: contém todas as tonalidades de cor entre o violeta e o vermelho.

B. Criar branco com as cores do arco-íris

O arco-íris é um fenómeno luminoso que pode ser visto no céu.

Quando o sol brilha através da chuva, vemos diferentes cores espalhadas como uma fita em forma de laço.

2.3.2. A experiência de Newton

Um prisma é iluminado com um feixe de luz branca.

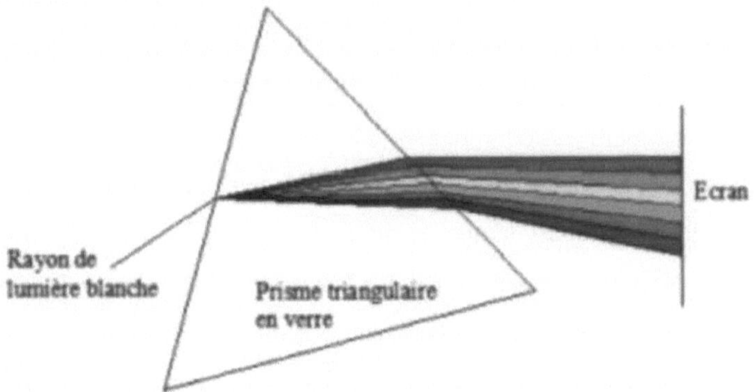

A. Comentário

❖ Quando a luz branca atravessa o prisma, vemos um arco-íris de cores. Diz-se que o prisma decompõe a luz branca.

❖ O padrão de cores obtido é designado por espetro da luz branca.

❖ As sete cores principais do espetro da luz branca são: violeta, índigo, azul, verde, amarelo, laranja e vermelho.

Em ótica, é um fenómeno físico que provoca a separação de uma onda na componente espetral com diferentes comprimentos de onda, devido à dependência da velocidade da onda com o comprimento de onda no meio percorrido. É frequentemente descrita em ondas de luz, mas pode ocorrer em qualquer tipo de onda que interaja com um meio ou que possa ser confinada num guia de ondas, como as ondas sonoras. A dispersão é também designada por dispersão cromática para realçar a sua dependência do comprimento de onda. Um meio que apresente estas caraterísticas contra a propagação de ondas diz-se dispersivo.

B. Descrição

Existem geralmente duas fontes de dispersão: **a dispersão do material**, que deriva do facto de a resposta do material às ondas depender da frequência, e **a dispersão da** guia **de ondas**, que ocorre quando a velocidade da onda na guia depende da sua frequência. As trajectórias transversais das ondas num espaço confinado de guia de ondas têm geralmente diferentes velocidades finitas (e formas de campo), que dependem da frequência (por exemplo, do tamanho relativo de uma onda, o comprimento de onda, em comparação com o tamanho da guia).

A dispersão nas guias de ondas utilizadas nas telecomunicações implica a degradação do sinal, uma vez que os diferentes atrasos com que os diferentes componentes espectrais chegam ao recetor "sujam" o sinal ao longo do tempo ou criam distorção. Um fenómeno semelhante é a dispersão modal, causada pela presença de vários modos numa guia a uma dada frequência. Um caso especial é a dispersão do modo de polarização ou PMD (polarisation mode dispersion), que resulta da composição de dois modos de polarização separados que se deslocam a velocidades diferentes devido a imperfeições de Randomich que quebram a simetria do guia.

C. Dispersão de material ótico

Em termos da velocidade V do vaso num meio uniforme, dada por

$$v = \frac{C}{i}$$

Onde C é a velocidade da luz no vácuo e i é o índice de refração do meio.

A consequência mais comummente observada da dispersão é a separação da luz branca num espetro de cores através de um prisma triangular. A lei de Snell mostra que o ângulo de refração da luz num prisma depende do índice de refração do material de que o prisma é feito. Uma vez que o índice de refração varia com o comprimento de onda, o ângulo de refração da luz também varia com o comprimento de onda, o que resulta na separação angular das cores, também conhecida como dispersão angular.

Para a luz visível, a maioria dos materiais transparentes tem :

Qualquer que seja o índice de refração n, este diminui com o aumento do comprimento de onda. Neste caso, diz-se que o meio tem uma dispersão normal. Por outro lado, se o índice aumenta com o aumento do comprimento de onda, o meio tem dispersão normal.

Na interface de um tal material com o ar ou com um vácuo pegajoso (o índice é 1), a lei de Snell afirma que a luz incidente num ângulo em relação à normal é refractada num ângulo. Assim, a luz azul, com um índice de refração mais elevado, estará num ângulo mais acentuado em relação à luz vermelha, o que cria o arco-íris.

A dispersão da luz no vidro de um prisma é utilizada para construir espectrómetros e espectrorradiómetros. São também utilizados em redes espectrográficas, pois permitem uma discriminação mais precisa dos comprimentos de onda. A dispersão nas lentes produz aberração cromática, um efeito indesejável que pode distorcer as imagens em microscópios, telescópios e lentes fotográficas. (www.google.dispersion in optics, acedido em 9 de agosto de 2023 às 22:43)

D. Olhar para um cartão colorido através de um prisma

Para compreender os fenómenos cromáticos associados à refração, Newton realizou uma série de experiências que se tornariam famosas, a primeira das quais consistia em observar um cartão colorido através de um prisma. O prisma é um bloco de vidro transparente, e as duas refracções que ocorrem quando a luz passa do ar para o vidro, e depois do vidro para o ar, estão na mesma direção (ao contrário do que acontece no caso de um paralelepípedo, em que as refracções se anulam mutuamente e a luz incidente emerge na mesma direção). Observou então que a posição aparente de um cartão vermelho e de um cartão azul era diferente. A trajetória da luz é diferente nos dois casos, o que significa que a refração da luz azul é diferente da da luz vermelha.

E. Uma experiência histórica

Este resultado foi confirmado pela segunda experiência de Newton, muito mais original. Através de um orifício feito numa violeta, deixou entrar um fino pincel de luz na sala onde decorriam as suas experiências e fez passar esse pincel através de um prisma. Observou então que a luz que saía do prisma se propagava numa multiplicidade de feixes coloridos, reproduzindo as cores do arco-íris.

O aparecimento de cores através de um prisma já tinha sido observado antes de Newton. A grande contribuição de Newton veio da experiência seguinte, por vezes designada por "experimentum grucis", que significa "experiência-chave".

Trata-se de fazer passar uma parte da luz dispersa pelo primeiro prisma através de um segundo prisma. Newton demonstrou assim que a cor não era alterada pela passagem pelo segundo prisma.

Newton realizou um grande número de outras variações de experiências, apresentadas no seu livro "Opticks". Em particular, demonstrou que a recombinação destes feixes coloridos produzia um feixe de luz branca.

F. Primeira experiência

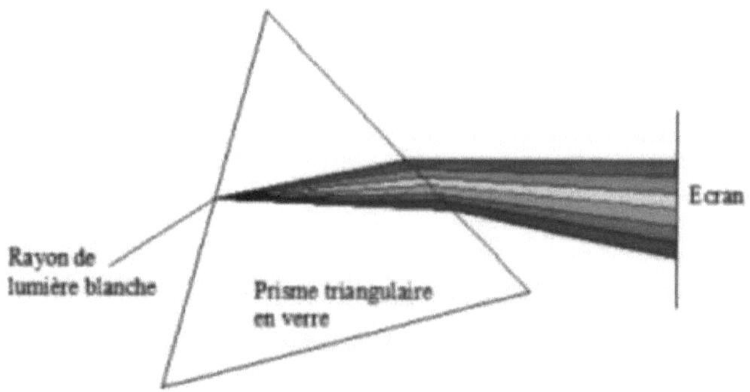

Um feixe de luz branca é passado através de um prisma de vidro e um ecrã é colocado em frente dos raios refractados. O resultado é um arco-íris de cores. Este fenómeno é designado por dispersão da luz por um prisma.

G. Segunda experiência

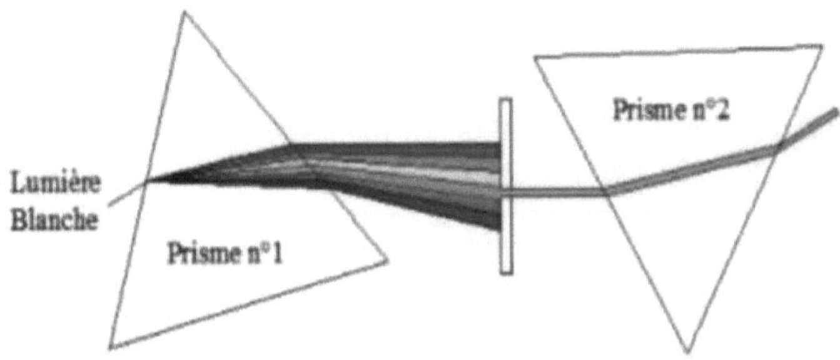

Realizamos a mesma experiência que a primeira e captamos um raio de um dos comprimentos de onda através de uma tela com um orifício, que fazemos passar por um segundo prisma. Verificamos que este raio de comprimento de onda sofre apenas uma dupla refração; de facto, este raio não sofre o fenómeno de dispersão porque é composto por um único comprimento de onda, ao contrário da luz branca que é composta por um número infinito de comprimentos de onda.

H. Interpretação dos resultados

Newton interpreta-o da seguinte forma:

A luz branca é constituída por raios associados a diferentes cores, correspondentes a diferentes índices de refração. Deste ponto de vista, as cores são uma propriedade física da luz (sabemos agora que o conceito de cor é mais complexo). O facto de o índice de refração ser diferente para diferentes tipos de luz é agora designado por "dispersão". Newton não conseguiu determinar o índice de refração da luz.

a propriedade física da luz que faz com que um raio corresponda a uma cor e não a outra.

A descoberta do fenómeno de dispersão permitiu a Newton dar a primeira explicação científica para o fenómeno do arco-íris, fenómeno que na experiência anterior o prisma era substituído por gotas de água (www.google,dispersion de la lumière par le prisme consultado em 6 de agosto de 2023 às 20:03).

I. Nota

A luz emitida pelo sono ou por uma lâmpada chama-se "luz branca", que é a sobreposição de todas as cores.

Todas as luzes podem ser decompostas?

1.1.3. Experiência com a luz emitida por um laser

A. **Laser**

A palavra laser significa "amplificação da luz por emissão estimulada de radiação" (prof GEORGES KABAMBA MWENDA KAZADI, *questions spéciales de physique*, éd 2019, ISP/MBM).

B. **Experiência**

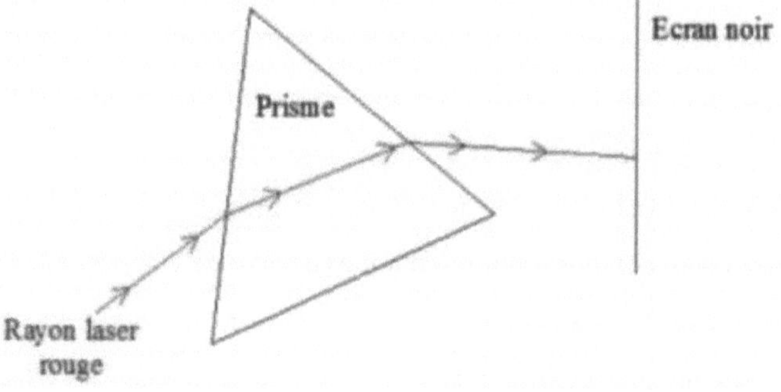

C. Comentário

C. Uma linha vermelha fina

D. O feixe laser é desviado e o espetro contém apenas uma cor, a cor inicial do feixe emitido.

1.1.4. Comprimento de onda

A. Definição

O comprimento de onda é uma grandeza física caraterística de uma onda monocromática num meio homogéneo, definida como a distância que separa dois máximos de amplificação consecutivos.

B. Unidade de comprimento de onda

Para a luz, que é uma onda electromagnética visível ao olho humano, o comprimento de onda é expresso em nanómetros (nm).

C. Radiação

A luz monocromática é designada por radiação cromática.

Todas as radiações monocromáticas têm um comprimento de onda associado no vácuo, designado por /. É expresso em metros, ou mais geralmente em nanómetros ou micrómetros.

D. Exemplo

A luz vermelha monocromática emitida por um laser é uma radiação de comprimento de onda $\lambda = 632,8$ *nm* no vácuo.

A luz branca é constituída por um número infinito de radiações monocromáticas.

1.1.5. Diferentes gamas de comprimento de onda

A. Alcance visível

O espetro da luz branca contém toda a radiação visível ao olho humano, ou seja, radiação com um comprimento de onda Λ entre 400 e 700nm.

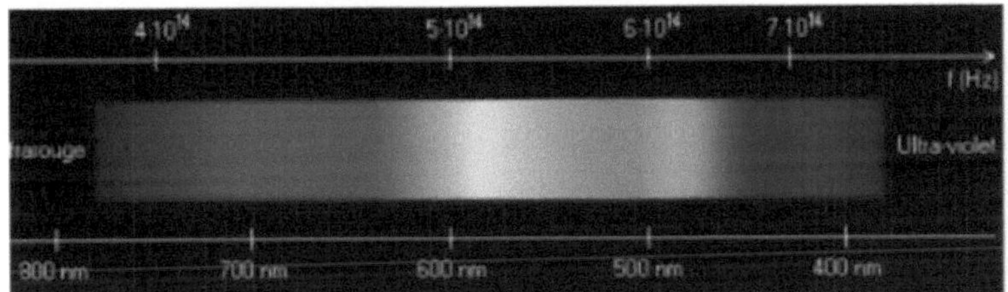

B. Outras anulações

O espetro luminoso estende-se para além do vermelho e do violeta: a luz branca contém radiações invisíveis ao olho humano.

C. O espetro eletromagnético

Quando a luz branca atravessa o prisma, vemos um arco-íris de cores. Diz-se que o prisma decompõe a luz branca.

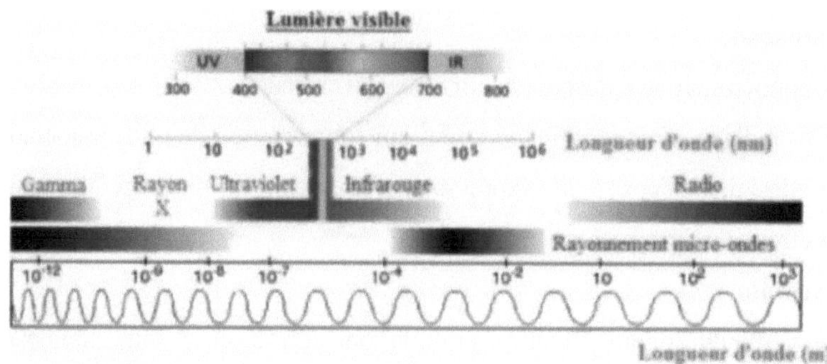

2.4. DISPERSÃO DA LUZ POR REDES

2.4.1. Rede dispersiva

Uma grelha dispersiva é constituída por um suporte transparente no qual foi gravado um grande número de linhas finas, paralelas e equidistantes.

Cada linha representa uma fenda que difracta a luz.

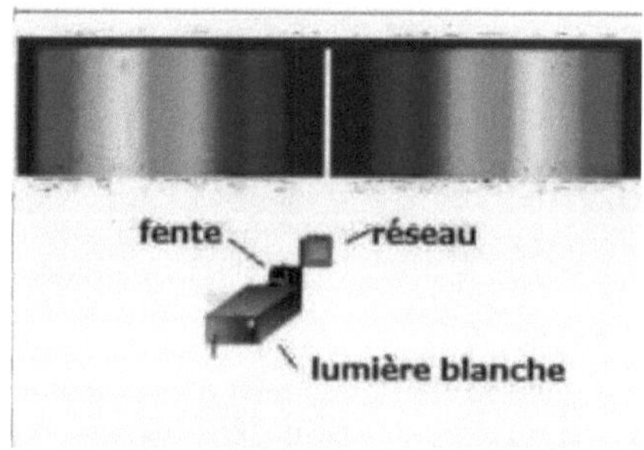

2.4.2. Difração de luz monocromática por uma grelha.

A grelha é iluminada com luz monocromática. A luz que atravessa a grelha é difractada pelas fendas. A interferência entre os diferentes feixes difractados dá origem a máximos de luz em determinadas direcções, caracterizados pelo ângulo ". κ

Os ângulos $\ddot{\imath}$. κ são dados pela relação: $\sin \ddot{\imath} - \sin \ddot{\imath}'k = k_n l\lambda$

I é o ângulo de incidência, $\ddot{\imath}'k$ é o ângulo de emergência ou de difração, k é a ordem do espetro, n é o número de vtraits por metro e λ é o comprimento de onda expresso em metros.

Em luz monocromática, obtêm-se impactos muito finos, paralelos às fendas da grelha e correspondentes a diferentes valores da ordem k.

Para k=0, obtemos a extensão do feixe incidente qualquer que seja o comprimento de onda utilizado e qualquer que seja o ângulo de incidência, não há dispersão da luz no caso de iluminação sob incidência, $i = 0$

2.4.3. Causa da dispersão da luz

As experiências de Newton mostraram que os raios coloridos não sofrem todos o mesmo desvio, facto que se deve à dispersão de um feixe de luz branca.

Os raios vermelhos são menos desviados que os amarelos, os amarelos menos que os verdes, etc. Os raios violetas sofrem a maior deflexão.

Por outro lado, o poder de dispersão não é o mesmo para todos os meios transparentes. O poder de dispersão do sulfureto de carbono, por exemplo, é superior ao da água. O quadro seguinte mostra que a diferença de refração entre os raios vermelhos e azuis é de 0,69 para o sulfureto de carbono, enquanto que para a água é de apenas 0,012.

POR VIA ADITIVA, OS ÍNDICES DE REFRACÇÃO

Cor do feixe	Vermelho	Amarelo	Verde	Azul
Sulfureto de carbono	1,610	1,629	1,654	1,479
	1,329	1,333	1,338	1,341

2.4.4. Cores mistas

Existem duas formas de misturar cores.

1) Por processo aditivo

Utilizando três projectores de igual intensidade, projectemos as três cores fundamentais num ecrã branco. Veremos que a mistura destas cores dá origem às seguintes tonalidades:

> Azul-verde dá azul-verde

> Azul vermelho dá púrpura (magenta)

> Verde vermelho dá amarelo

Juntas, estas cores dão o branco.

2) Método subtrativo

Se uma parte dos raios do espetro for subtraída por meio de um filtro colorido, os raios restantes produzem uma cor específica (lembre-se da experiência com soluções de permanganato de potássio e dicromato de potássio): a cor encontrada foi o violeta. Esta cor foi, portanto, obtida de forma subtractiva.

Adicionando de novo ao espetro os raios que foram subtraídos, obtém-se o espetro completo, que produz a luz branca. As duas cores que se misturam para produzir a luz branca são cores complementares.

2.5. EXPERIÊNCIA DE DECOMPOSIÇÃO DA LUZ POR UM PRISMA

2.5.1. Equipamento

- O prisma
- Lâmpada que emite luz branca

2.5.2. Experiência

O prisma é colocado em frente de uma pequena fonte de luz e o feixe de luz que passa através do prisma é dividido em todas as cores do arco-íris.

2.6. RECOMPOSIÇÃO DA LUZ BRANCA

2.6.1. De que é feita a luz branca normal?

Newton, na sua visão da brancura da luz solar resultante da mistura das três cores primárias, não conseguiu demonstrar que a combinação de apenas duas cores (pares vermelho/azul-verde ou amarelo/azul-violeta) produziria o branco.

[ème]YOUNG (no início do século XIX) demonstrou que a luz branca não é um objeto físico único e previu a trivariância da perceção das cores devido à presença de três tipos de detectores na retina. A luz branca é constituída por luzes coloridas chamadas "radiações": azul, verde e vermelho, que são as cores primárias, e amarelo, ciano e magenta, que são as cores secundárias.

O espetro luminoso é o conjunto das cores observadas. Existem duas cores não visíveis, o ultravioleta e o infravermelho. A análise da luz solar permite distinguir 7 cores: violeta; índigo; azul; verde; amarelo; laranja; vermelho.

De facto, o espetro da luz branca contém um número infinito de cores - é um espetro contínuo.

A luz é constituída por radiações, que incluem, por ordem crescente: raios gama; raios X; luz ultravioleta; luz visível (todas as cores); luz infravermelha (do vermelho às micro-ondas) e ondas de rádio.

Apenas as cores e a luz branca são visíveis a olho nu. [17]Nota: um comprimento de onda de 1mm a uma frequência próxima de 3,10 Hertz.

As principais frequências são :

> Raios gama 0,1nm a 1nm

> Raio X 1nm a 100nm

> Ultravioleta 100nm a 400nm

> Luz visível 400nm a 700nm

> Infravermelhos 700nm a 1cm

> Ondas de rádio 1cm a 1km

As partículas que transportam a energia da luz são chamadas fotões e não têm massa.

CORES COMPRIMENTOS DE ONDA (NM)

Violeta extremo	400
Violeta médio	420
Azul violeta	440

Azul médio	470
Azul-verde	500
Verde médio	430
Verde amarelo	560
Amarelo médio	580
Amarelo alaranjado	590
Laranja médio	600
Laranjeira vermelha	610
Vermelho médio	650
Vermelho extremo	780

A luz viaja em ondas (de comprimentos diferentes) captadas por três séries de cones no olho. Cada um deles é mais sensível a um comprimento do que a outro. Este comprimento é então interpretado pelo nosso cérebro como sendo um "fluxo". (www.google, composição da luz, consultado em 16 de setembro de 2023 às 169:47.

Um filtro colorido só transmite a cor correspondente à sua própria cor; observa as outras cores.

As diferentes tonalidades de luz colorida podem ser obtidas através da adição das três cores fundamentais (cores primárias) vistas pelo olho.

> Vermelho + verde + azul é igual a branco
> Vermelho verde igual amarelo
> Verde + azul é igual a ciano
> Azul vermelho igual magenta

2.6.2. Experimentar a composição da luz branca

A. Equipamento

Fontes de luz, três filtros de cor azul, vermelho e verde.

B. Experiência

Colocamos um filtro azul numa fonte de luz, colocamos o filtro vermelho na outra fonte de luz e o mesmo para o verde. Os três raios cruzam-se e tornam-se brancos (H. **BRASSERT e H. SOVENIER, Physique générale, Paris Dunod**).

CONCLUSÃO

❖ O obturador fragmenta a luz branca. Este fenómeno é designado por "dispersão da luz branca".

❖ A luz branca é composta por um número infinito de luzes coloridas que vão do violeta ao vermelho. Estas luzes coloridas formam o que se designa por "espetro da luz branca".

❖ As sete cores principais do espetro da luz branca são: violeta, índigo, azul, verde, amarelo, laranja e vermelho.

CAPÍTULO III

APLICAÇÕES DE DISPERSÃO
DA LUZ

3.1. EXERCÍCIOS SOBRE A LUZ

3.1.1. Descrições de exercícios

1) A placa de uma sirene tem 35 orifícios e gira a uma velocidade de 620 rotações por minuto, dado que a velocidade do som no ar é de 340 m/s.

1° a frequência emitida pela sirene é ?

2° a distância percorrida pela onda durante um período é ?

2) Encontre a frequência do som emitido por uma sirene constituída por um disco que faz 20 rotações por segundo e tem 15 orifícios.

3) O ecrã de observação está a 1,2 m das duas fendas e a distância entre as duas fendas é de 0,03 mm. A franja brilhante de segunda ordem situa-se a 4,5 cm da franja central.

a) Determinar o comprimento de onda da luz

b) Calcular a distância entre franjas brilhantes consecutivas.

4) Um disco pintado de preto tem uma mancha circular branca e roda a uma velocidade de 1000 rotações por minuto. É iluminado por um estroboscópio com uma frequência de flash de N'. Sabendo apenas que existem três manchas brancas imóveis. Qual é a frequência dos flashes?

3.1.2. Resolução 1: FÓRMULAS+PLICAÇÕES DE DADOS
DESCONHECIDAS
DIGITAL

$N = 35$ trous $1°\ F = ?$ $F = n.\,N$

$N = 620$ tours/min $2°\ \lambda = ?$ $F = 361,6 Hz$

$C = 340$ m/s $\lambda = \dfrac{C}{F} = \dfrac{340}{361,6} = 0,94m$

2. DADOS DESCONHECIDOS FÓRMULAS+APLICAÇÕES
DIGITAL

$N = 15$ trous $F = ?$ $F = n.N$

$N = 20$ tours/min $F = 15.20 Hz$

                                    $F = 300 Hz$

3. DADOS DESCONHECIDOS FÓRMULAS+APLICAÇÕES
DIGITAL

$D = 1,2m$ $\lambda = ?$ $X_2 = 2.\dfrac{\lambda.D}{a}$

$a = 0,03$ mm $= 0,03.10^{-3}m$ $f = ?$ $\lambda = \dfrac{a.X_2}{2D}$

                                    $\lambda = \dfrac{3.4,5.10^{-7}}{2.1,2}\ m$

3.2. EXERCÍCIOS SOBRE A REFLEXÃO E A REFRACÇÃO DA LUZ
LUZ

3.2.1. Descrições de exercícios

1) Um feixe de luz com um comprimento de onda de 550nm passa através de um

placa transparente. $^{-8}$O feixe incidente forma um ângulo de 40° com a normal e o feixe refractado forma um ângulo de 26° com a normal, com $C = 3,10$ m/s. Determine a velocidade da luz neste material e o comprimento de onda.

2) Qual é o ângulo limite correspondente a um meio com um índice de 1,6?

3) Calcule o deslocamento lateral produzido por uma placa de vidro (n=j d≡2cm de espessura) a uma incidência de 30°C.

4) Circule as boas sugestões

a. a aproximação de que a luz se propaga em linha reta é válida em :

1. meios isotrópicos, transparentes e homogéneos

2. meios homogéneos, absorventes e isotrópicos

3. o ar

4. água

5. todos os ambientes.

b. num ambiente material :

1. a frequência é aumentada

2. a frequência é reduzida

3. a frequência é idêntica

4. a velocidade da luz aumenta

5. a velocidade da luz diminui

6. a velocidade da luz permanece a mesma.

c. a reflexão total pode ocorrer quando se passa de um meio de índice n1 para um meio de índice n_2

1. $_1$ $_2$se n n   e para pequenos ângulos de incidência

2. $_1$ $_2$se n n   e para pequenos ângulos de incidência

3. se $_{n1}$ $_{n2}$ e para grandes ângulos de incidência

4. se $_{ni}$ Π2 e para ângulos de incidência mais pequenos

d. ao refratar um raio do ar através de uma dioptria ar/água :

1. está próximo do normal na água

2. desvia-se do normal na água

3. nem sequer parcialmente pensada

e. a luz viaja através da água do que através de :

1. o vazio

2. o ar

3. vidro

5) Em que século viveu Descartes? Em que domínio da ótica estava ele interessado?

6) Quais são as grandezas caraterísticas de uma onda sinusoidal?

7) A que gama de comprimentos de onda corresponde a luz visível? Qual é o comprimento de onda da luz vermelha?

8) Definir o índice de um meio.

9) Recorde as leis de Descartes para a reflexão de um raio de luz. 10) Um tanque contém uma camada de água coberta por uma camada de benzina.

a. Um feixe de luz que emana da água incide a 30°C na superfície de separação água-benzina. Qual será o ângulo de emergência do feixe de luz quando este deixar a benzina?

b. Com que ângulo de incidência deve cair na superfície de separação água-benzina para ser totalmente reflectida na superfície de separação benzina-ar?

10) Qual deve ser o raio r de uma rolha circular com o comprimento h da agulha imersa na água de modo a que nenhuma parte saia da água, sabendo que o índice de refração da água em relação ao ar é

3.2.2. Respostas

1. DADOS FÓRMULA DESCONHECIDA

$\lambda_0 = 550nm$

$1° \ \lambda = ?$

$$n = \frac{C}{V} = \frac{\lambda_0}{\lambda} = \frac{sin\hat{\imath}}{sin\hat{r}}$$

$\hat{r} = 26°$

$$1° \ \lambda = \frac{\lambda_0}{n} \Rightarrow \lambda = \frac{550.10^{-9}}{1,468} = 374,659 \ nm$$

$$\hat{\imath} = 40°$$

$$\lambda = 374,7nm$$

$C = 3.10^8 m/s$

$$2° \ v = \frac{C}{n} = \frac{3.10^8}{1,468} = 2,044.10^8 m/s$$

$v = 2,044.10^8 \ m/s$

2. FÓRMULA DE DADOS DESCONHECIDOS

$n = 1,6 \qquad \hat{\imath}_L = ? \qquad i_L = arcsin\left(\frac{1}{n}\right) = arcsin\left(\frac{1}{1,6}\right)$

$$= arcsin\,0,625$$

$$\hat{\imath}_L = 38,68°$$

2. FÓRMULA DE DADOS DESCONHECIDOS

$n = \dfrac{3}{2} \qquad\qquad \boldsymbol{d = ?} \qquad\qquad d = e.\dfrac{sin(\hat{\imath}-r)}{cosr} \text{ or } n = \dfrac{sin\hat{\imath}}{sin\hat{r}}$

$\boldsymbol{e = 2cm}$

$$\hat{\imath} = 30° \Rightarrow sin\hat{r} = \frac{sin\hat{\imath}}{n}$$

$$sin\hat{r} = \frac{sin30°}{\frac{3}{2}} = \frac{1}{2}.\frac{2}{3} = \frac{1}{3}$$

$$r = arcsin\frac{1}{3} = 19,47°$$

$$= 2.\,10^{-2}\frac{sin(30° - 19,47°)}{cos19,47°}$$

$$= 2.\,10^{-2}.\,0,194$$

$$= 0,388.\,10^{-2}m$$

$$\boldsymbol{d = 3,88mm}$$

4. a. A aproximação de que a luz se propaga em linha reta é válida em :

1. **isotrópico, transparente e homogéneo**

b. num ambiente material :

2. **a velocidade da luz aumenta**

c. A reflexão total pode ocorrer quando se passa de um meio de incidência n1 para um de incidência n2.

3. **se ni Π2 e para grandes ângulos de incidência.**

d. quando refractado através de uma dioptria ar/água, um raio proveniente do ar :

4. está próximo do normal na água

e. a luz viaja mais depressa na água do que na :

5. vidro

5. Descartes viveu no século XVII e contribuiu para o desenvolvimento da ótica geométrica.

6. Mencionarei a frequência f e o comprimento de onda no vácuo. Também sabemos que $\lambda = \dfrac{c}{f}$

7. O visível corresponde aproximadamente a λ entre 400 e 800nm. O vermelho estende-se de cerca de 620 a 800nm, com uma média de $\lambda R = 700n$.

8. $n = \dfrac{c}{v}$ O índice n de um meio é definido como a razão entre a velocidade da luz no meio e a sua velocidade no meio.

material.

9. Reflexão: o raio refletido está no plano de incidência e o ângulo de refração é igual ao ângulo de incidência. $\hat{r} = \hat{\imath}_1$

$_{112}$Refração: o raio refractado está no plano de incidência e o ângulo de refração i está relacionado com n $srn\iota = n\,sim_2$

10. $n_1 sin\hat{\imath} = n_2 sin\hat{r} : \dfrac{4}{3}\sin 30° = \dfrac{3}{2}\sin\hat{r} \Rightarrow sin\hat{r} = \dfrac{4}{9}$ a. O ângulo de refração r ao entrar na benzina é tal que: a incidência de refração do ar em relação à benzina é :

$$n' = \dfrac{1{,}00029}{\dfrac{3}{2}} \simeq \dfrac{2}{3}$$

O ângulo de emergência e à saída da benzina é tal que :

$$\sin \hat{e} = \frac{\sin \hat{r}}{n'} : sin\hat{e} = \frac{\frac{4}{9}}{\frac{2}{3}} = \frac{2}{3}$$

$$\hat{e} = arcsin\frac{2}{3}$$

$$\hat{e} = 42°$$

$$sin\hat{e} = \frac{sin\hat{r}}{\frac{2}{3}} = \sin 90°$$

c.   Para que o raio de luz se refracte ao roçar na superfície de separação benzina-ar, o ângulo de refração r à entrada da benzina deve ser tal que, ou seja, $.\equiv$ - - o ângulo

de incidência i na superfície de separação água-benzina deve ser tal que :

$$n_1 sin\hat{\imath} = n_2 sin\hat{r}: \frac{4}{3}sin\hat{\imath} = \frac{3}{2} \cdot \frac{2}{3}$$

$$sin\hat{\imath} = \frac{3}{4}; \hat{\imath} = 48°$$

$\frac{4}{3}$, O índice de refração da água em relação ao ar é tão : $sin\hat{\imath} = \frac{1}{n}$;

$$sin\hat{\imath} = \frac{3}{4} ; \hat{\imath} = arcsin\frac{3}{4} ; \hat{\imath} = 48°$$

         para que nenhum raio saia da água, é necessário que

$$tg\hat{\imath} = \frac{r}{h} \quad \text{d'où } r = htag48° \quad r = 1,11h$$

3.3. EXERCÍCIOS SOBRE A DISPERSÃO DA LUZ ATRAVÉS DE UM PRISMA

3.3.1. Descrições de exercícios

1. Indicar os valores de î, ¿', r, r'e D de um prisma nos casos seguintes:

a. Incidência do pastoreio *(= W)*

b. 45° de incidência

c. Sem impacto

d. °Ângulo de rasto de 90° *(i = 90)*

e. Emergência de 45° Q = 45°)

f. Desvio mínimo.

2. Um raio de luz monocromática atravessa um prisma de vidro com um índice = 1,6 e um ângulo A = 30°. O raio incidente incide no prisma com um ângulo I = 30 ".

Determine o ângulo de refração ?- na primeira face, o ângulo de incidência r ' na segunda face, o ângulo de emergência ï' e a deflexão total criada por este prisma.

3. Um prisma de ângulo A e índice = 1,5 é iluminado por um raio incidente perpendicular à face de entrada do prisma traçado pela trajetória do raio de luz e calcular a deflexão *D* nos dois casos seguintes: *A = 30° e A = 60°.*

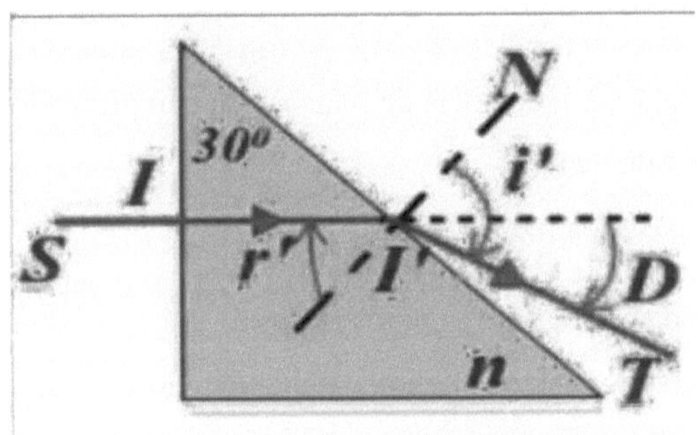

4. Um prisma com índice = 1,5 tem a secção transversal de um triângulo equilátero.

a. Determine o ângulo mínimo de deflexão quando o prisma é colocado no ar.

b. Qual é o valor do ângulo de deflexão mínimo Dm quando o prisma é imerso em água de índice $\frac{4}{3}$.

3.4. EXERCÍCIOS SOBRE A DISPERSÃO DA LUZ PELA REDE

3.4.1. Descrições de exercícios

1. Um feixe de luz monocromática produzido por um laser de hélio-neão (= 632,8) não tem incidência normal numa grelha de difração que contém 6000 linhas/cm.

Determinar os ângulos para os quais se observa o máximo de primeira ordem, o máximo de segunda ordem, etc.

2. Uma luz de néon é observada através de uma fenda com 0,3mm de comprimento. $_{x5}$A que distância devem ser colocadas as franjas de dois olhos para que haja um espaço de 1mm entre a primeira e a segunda franja escura, enquadrando a franja central por = oooλ.

3. $^{+}{}_{n}$A concentração de uma solução aquosa de permanganato de potássio ((*aq) + M O 4 - (a q))* deve ser determinada por espetroscopia de UV-visível.

Um laboratório dispõe de um espetrofotómetro de alta qualidade com um monocromador que pode ser utilizado nas gamas do ultravioleta, do visível e do infravermelho. Inclui um conjunto de várias grelhas em função do comprimento de onda de trabalho. Para este ensaio, é escolhida uma grelha gravada com 500 linhas/milímetro.

A grelha é iluminada sob incidência de relações de comprimento de onda entre λ $_1 = 400nm$ e t λ $_2 = 800$ n m

a) Determinar o passo da rede utilizada

b) A fórmula fundamental para as redes planas é $$sin\theta = sini + k\frac{\lambda}{a}$$
Utilizando o diagrama abaixo, explique o significado dos vários termos desta fórmula, especificando as unidades.

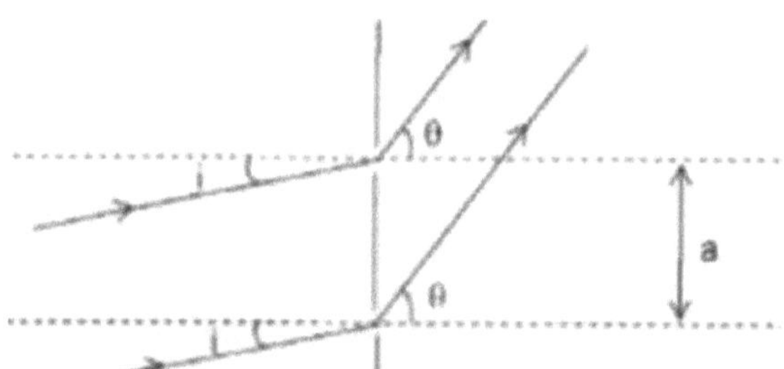

O diagrama foi reformulado sem qualquer preocupação com o ecnelte

c) $_1$Calcule, no espetro de primeira ordem, os ângulos θ_1 e t θ_2 para radiações de comprimentos de onda λ e t λ $_2$. A grelha está a ser iluminada sob incidência normal. Deduzir a diferença angular entre as duas radiações.

3.4.2. Respostas

1. $\lambda = 632{,}8\text{nm}$

= 6000

Primeiro, precisamos de calcular a inclinação da rede

$$a = \frac{1}{n} \Longrightarrow a = \frac{1}{6000} = 1667nm$$

Para o máximo de primeira ordem (1) obtém-se :

$$\sin\theta_1 = \frac{\lambda}{a} = \frac{632{,}8nm}{1667nm} = 0{,}3796$$

$$\boldsymbol{\theta_1 = 2}$$

Igualmente,

$K = 2, on\ a_:$

$$\sin\theta_2 = 2.\frac{\lambda}{a} = 2.\frac{632{,}8nm}{1667nm} = 0{,}7592$$

$$\boldsymbol{\theta_2 = 4}$$

$_3$No cntanto, para K $-$ 3, obtém-se *se* $n\theta$ = 1, 139. Como *se* $n\theta$ não pode ser maior do que 1, esta solução não é válida. Assim, só temos as duas primeiras ordens nesta situação.

CONCLUSÃO

Aqui estamos nós no final do nosso trabalho. A luz é omnipresente nas nossas vidas. É graças à luz que a vida é possível no nosso planeta. A vida não poderia ter-se desenvolvido sem a luz solar. Ainda hoje, os planetas e os animais precisam de luz para sobreviver.

A luz é também o nosso principal meio de descobrir o mundo que nos rodeia. O arco-íris é um fenómeno luminoso que se observa no céu quando o sol brilha através da chuva, mostrando diferentes cores espalhadas como uma fita em forma de arco. A mesma observação é feita quando a luz passa através de um prisma e de uma grelha, que são sistemas ópticos, e vemos uma exibição de cores semelhante à do arco-íris. Esta observação permite-nos compreender que o prisma e a grelha decompõem a luz branca comum e, em física, este fenómeno é designado por "dispersão da luz branca".

Pensámos em reunir uma coleção de experiências sobre a dispersão da luz. Para o conseguir, utilizámos o método documental. Por um lado, este trabalho ajudará os professores de ótica geométrica a melhorar a qualidade deste ramo do ponto de vista experimental e, por outro, fornecerá aos alunos experiências sobre a dispersão da luz.

Sem pretendermos que este trabalho seja perfeito, mantemo-nos abertos a todos os comentários e sugestões pertinentes dos nossos leitores com vista a melhorá-lo no futuro. Mais uma vez, obrigado a todos os que nos ajudaram na elaboração deste trabalho.

BIBLIOGRAFIA

1. Cessac, J et Treherne, G, physique classe de seconde C, Fernand Nathan, paris, 1966

2. A. Delaruelle, A.I, Claies, cours de physique, chaleur, optique géométrique, Wesmaiel Charlier (SA), Namur 1971.

3. A. Delaruelle, A.I, Claies, elemento de física, calor, acústica, ótica geométrica.
Namur 1964.

4. Faucher, R, physique classe de 1èreC/D/E/, coleção "Hatier", librairie Hatier, Paris 1966.

5. BRASSEUR.H, SAUVENIER.H, physique générale, Duno 1966.

6. ^{ème}Raymond, A, Serway, physique III, optique et physique moderne 3 éd ; traducteur Robert Maorin et Céline Trembley éd. Etudes vivantes 1992.

7. Programa Nacional de Física 2005.

8. HECHT, E., (2003), physique De Boeck Université, Bruxelas

9. J. Médard NSUNGULA TSHIBAKA, cours d'optique géométrique, application à la photographie, Ed 2005.

10. ^{ère}Programa educativo do domínio da aprendizagem das ciências, 1 edição Kinshasa 2021.

11. ^{ère}Professor Georges KABAMBA MWENDA KAZADI, questões especiais de física 1 licença matemática-física, éd 2020-2021, ISP/MJM.

12. ^{ème} CT Médard NSUNGULA TSHIBAKA, notas de curso de física 2 graduado, éd 2019-2020, ISP/MJM.

13. Patrick KAMALENGA NGOYI, Estudos clássicos de instrumentos ópticos, TFC, ed 2014-2015, ISP/MJM.

More Books!

yes I want morebooks!

Buy your books fast and straightforward online - at one of world's fastest growing online book stores! Environmentally sound due to Print-on-Demand technologies.

Buy your books online at
www.morebooks.shop

Compre os seus livros mais rápido e diretamente na internet, em uma das livrarias on-line com o maior crescimento no mundo! Produção que protege o meio ambiente através das tecnologias de impressão sob demanda.

Compre os seus livros on-line em
www.morebooks.shop

info@omniscriptum.com
www.omniscriptum.com

OMNIScriptum

MIX
Papier aus verantwortungsvollen Quellen
Paper from responsible sources
FSC® C105338
FSC
www.fsc.org

Printed by Books on Demand GmbH, Norderstedt / Germany